Seeing Double

1 + 1 = 2   5 + 5 = __

4 + 4 = __   0 + 0 = __

7 + 7 = __   8 + 8 = __

9 + 9 = __   2 + 2 = __

3 + 3 = __   6 + 6 = __

Adding Ten

Add ten to the numbers below.
Look for a pattern.

5 + 10 = ___   8 + 10 = ___

2 + 10 = ___   3 + 10 = ___

6 + 10 = ___   7 + 10 = ___

4 + 10 = ___   9 + 10 = ___

1 + 10 = ___

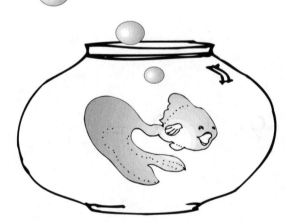

Do you see a pattern?

Write your rule. "When you add ten to a number...

_____

_____

_____

Count the bananas.

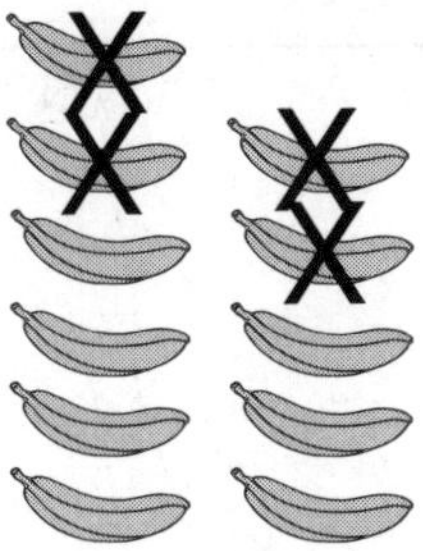

11 - 4 = 7

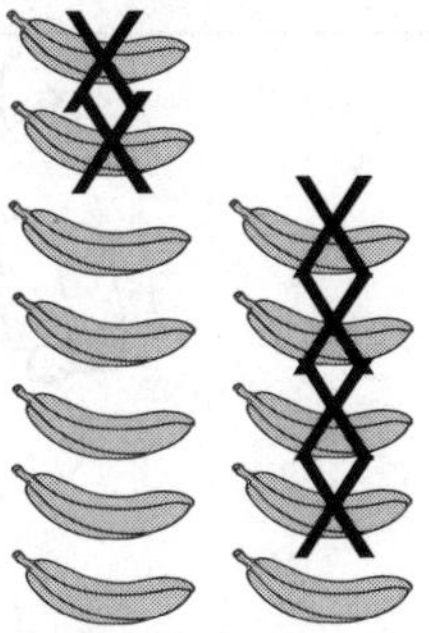

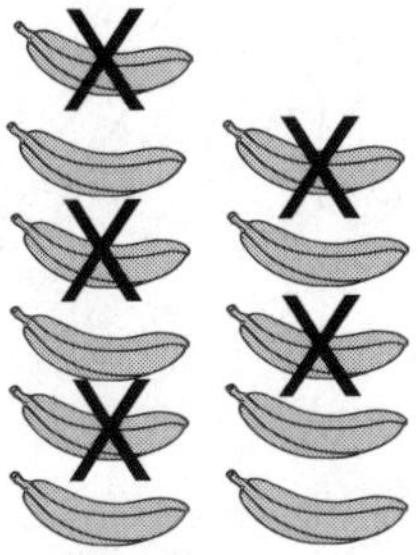

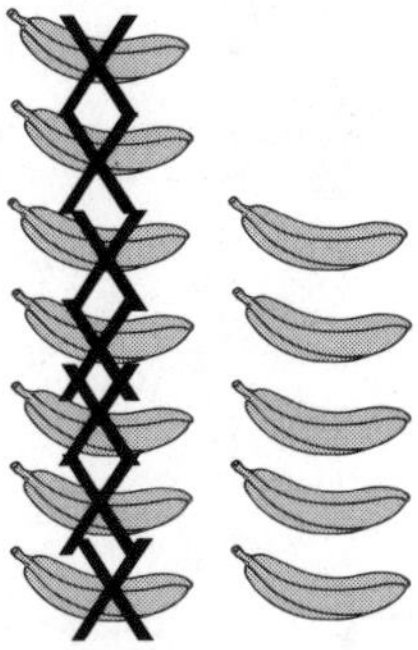

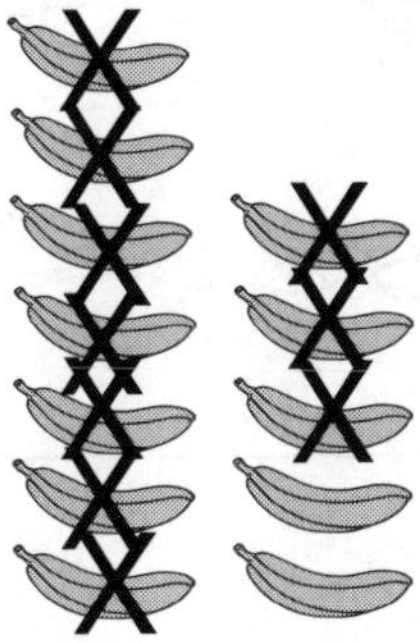

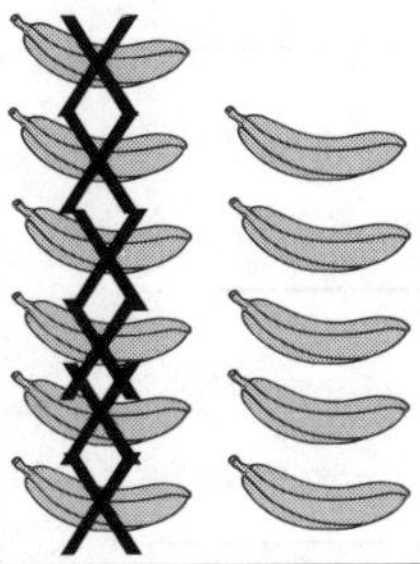

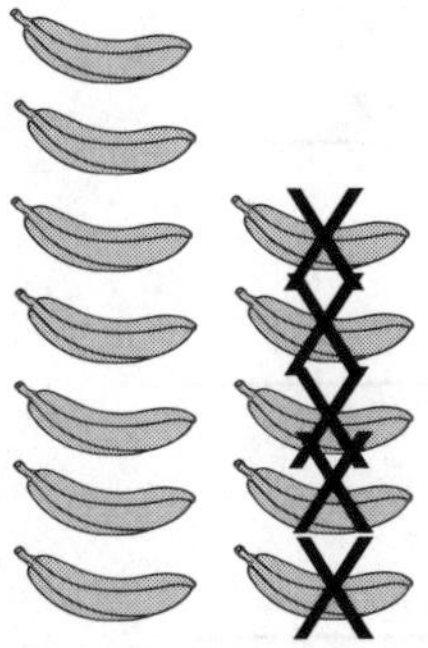

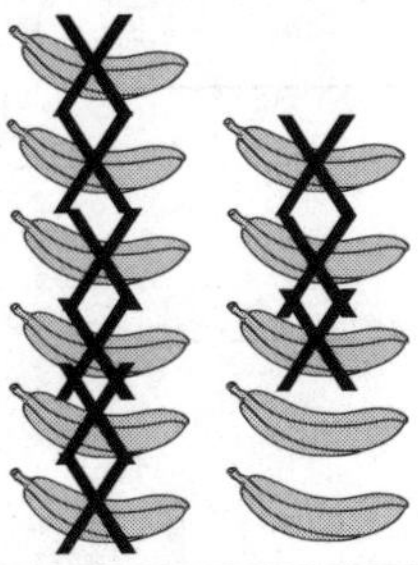

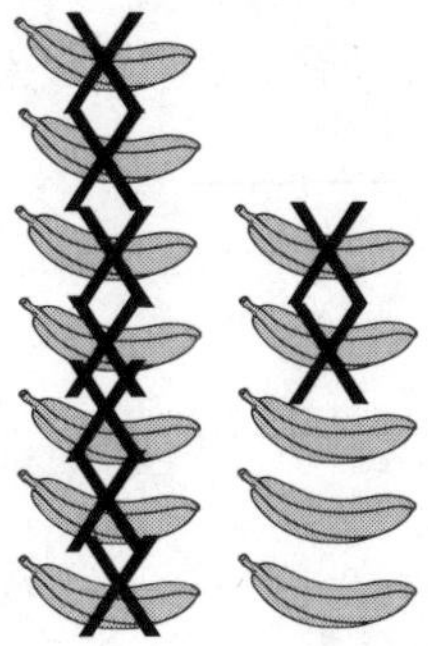

___ - ___ = ___

___ - ___ = ___

___ - ___ = ___

___ - ___ = ___

___ - ___ = ___

___ - ___ = ___

___ - ___ = ___

___ - ___ = ___

___ - ___ = ___

Cover up the monkeys to help you find the answers.

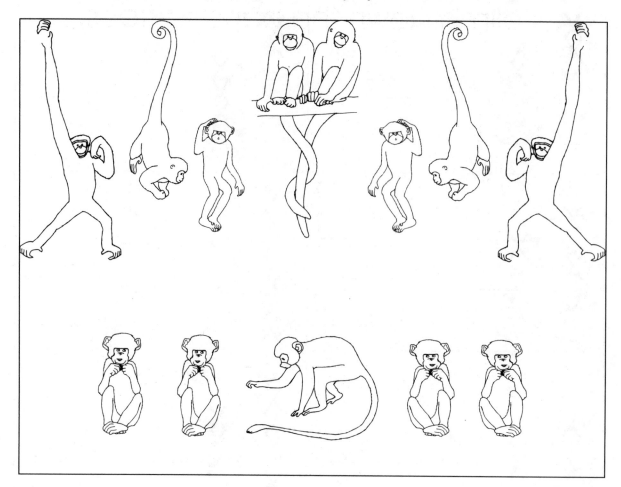

13 - 6 = _7_   13 - 8 = _____

13 - 4 = _____   13 - 3 = _____

13 - 9 = _____   13 - 7 = _____

13 - 5 = _____   13 - 10 = _____

13 - 2 = _____   13 - 1 = _____

Keep subtracting to help
us climb down the banana trees.

9
- 2

[7]
- 1

[6]
- 3

[3]

7
- 1

[ ]
- 3

[ ]
- 1

[ ]

8
- 3

[ ]
- 1

[ ]
- 3

[ ]

8
- 1

[ ]
- 2

[ ]
- 1

[ ]

9
- 2

[ ]
- 3

[ ]
- 2

[ ]

7
- 0

[ ]
- 2

[ ]
- 2

[ ]

Use the chimps to help you find the answers.

15 - 7 = _____   15 - 9 = _____

15 - 5 = _____   15 - 8 = _____

15 - 6 = _____   15 - 4 = _____

Use the orangutans to help you find the answers.

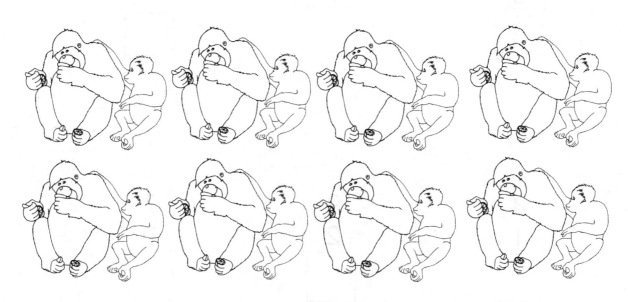

16 - 9 = _____   16 -10 = _____

16 - 7 = _____   16 - 5 = _____

16 - 6 = _____   16 - 8 = _____

Check subtraction by adding.

$$\begin{array}{r} 9 \\ -8 \\ \hline 1 \end{array}$$ $$\begin{array}{r} 1 \\ +8 \\ \hline 9 \end{array}$$

$\begin{array}{r} 11 \\ -9 \\ \hline 2 \end{array}$ $\boxed{2}$ $\begin{array}{r} +9 \\ \hline 11 \end{array}$	$\begin{array}{r} 12 \\ -5 \\ \hline \end{array}$ $\boxed{}$ $+5$	$\begin{array}{r} 11 \\ -7 \\ \hline \end{array}$ $\boxed{}$ $+7$
$\begin{array}{r} 13 \\ -6 \\ \hline \end{array}$ $\boxed{}$ $+6$	$\begin{array}{r} 14 \\ -3 \\ \hline \end{array}$ $\boxed{}$ $+3$	$\begin{array}{r} 15 \\ -6 \\ \hline \end{array}$ $\boxed{}$ $+6$
$\begin{array}{r} 12 \\ -9 \\ \hline \end{array}$ $\boxed{}$ $+9$	$\begin{array}{r} 11 \\ -5 \\ \hline \end{array}$ $\boxed{}$ $+5$	$\begin{array}{r} 14 \\ -9 \\ \hline \end{array}$ $\boxed{}$ $+9$
$\begin{array}{r} 16 \\ -4 \\ \hline \end{array}$ $\boxed{}$ $+4$	$\begin{array}{r} 15 \\ -1 \\ \hline \end{array}$ $\boxed{}$ $+1$	$\begin{array}{r} 19 \\ -2 \\ \hline \end{array}$ $\boxed{}$ $+2$

Match the types of graphs.

Bar Graph •

Pictograph •

Line Graph •

Circle Graph •

What is your favorite kind of ice cream?

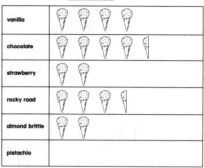

Who's the fastest?

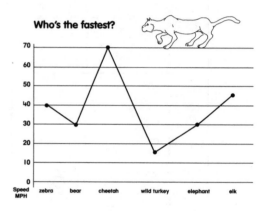

What is your favorite food?

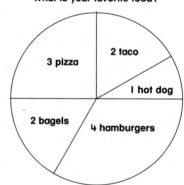

When do you go to bed?

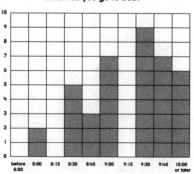

Dinner Time

Read this graph to answer the questions.

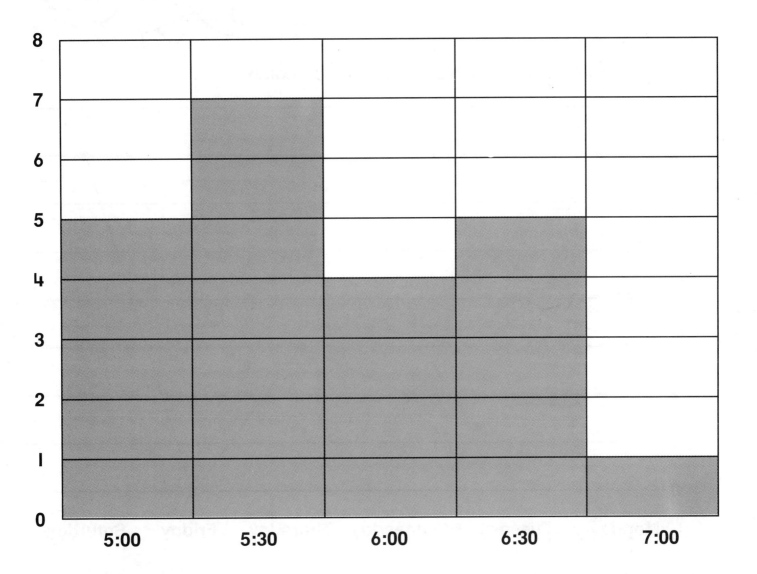

1. How many people ate at 7:00? _____

2. How many ate at 5:30? _____

3. How many ate at 6:00? _____

4. How many more ate at 6:00 than at 7:00? _____

5. What time do you eat dinner? _____

   Color a square on the graph to show this time. _____

Going Fishing

Read the graph to answer the questions.

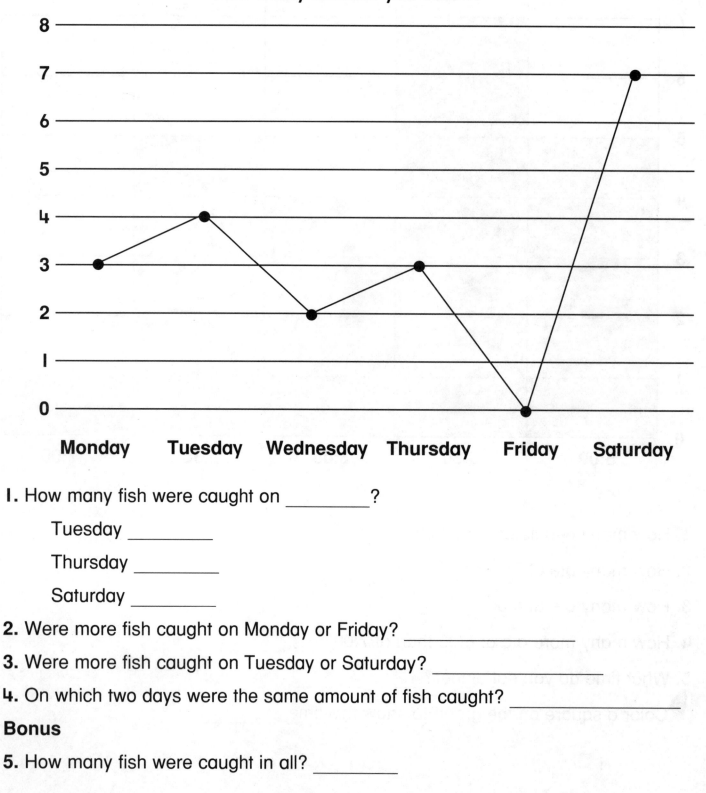

How many fish did you catch?

1. How many fish were caught on _____?

    Tuesday _____

    Thursday _____

    Saturday _____

2. Were more fish caught on Monday or Friday? _____

3. Were more fish caught on Tuesday or Saturday? _____

4. On which two days were the same amount of fish caught? _____

Bonus

5. How many fish were caught in all? _____

What is your favorite fast food?

Read the graph to answer these questions.

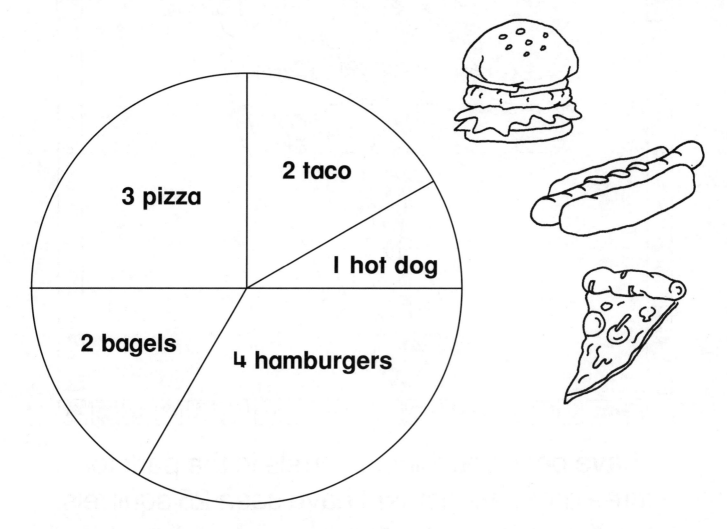

1. How many students were asked the question? _____

2. How many different fast foods were named? _____

3. How many said "taco"? _____

4. Which fast food did the most people like? _____

Bonus:

5. What fraction said "pizza" _____?

I have been watching squirrels in the park for three days. Altogether I have seen 25 squirrels. I saw 9 squirrels the first day and 3 squirrels the second day.

How many did I see the third day?

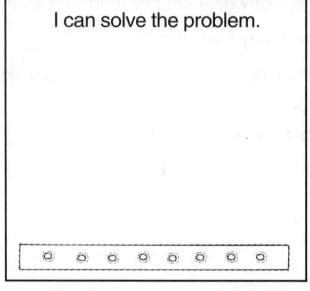

I can solve the problem.

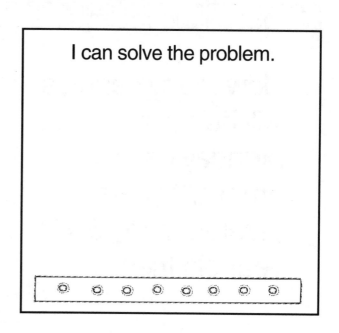

Which number in this pattern is wrong?

What should the number be?

I can solve the problem.

🕊 How many candles will be on my birthday cake if I am 3 1/2 years older than my 5 1/2 year old friend?

I can solve the problem.

Inch - 1/2 inch

Use an inch ruler.
Measure the pictures to the nearest 1/2 inch.

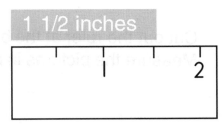

1 1/2 inches

_____inches   _____inches   _____inches   _____inches

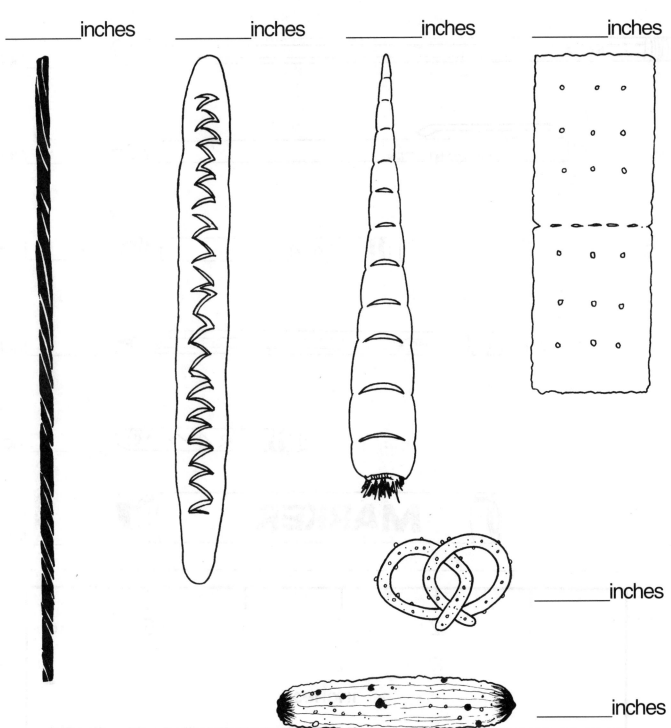

_____inches

_____inches

How Long Is It?

Cut out the ruler at the bottom of this page.
Measure the pictures in inches.

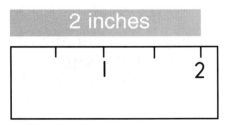

2 inches

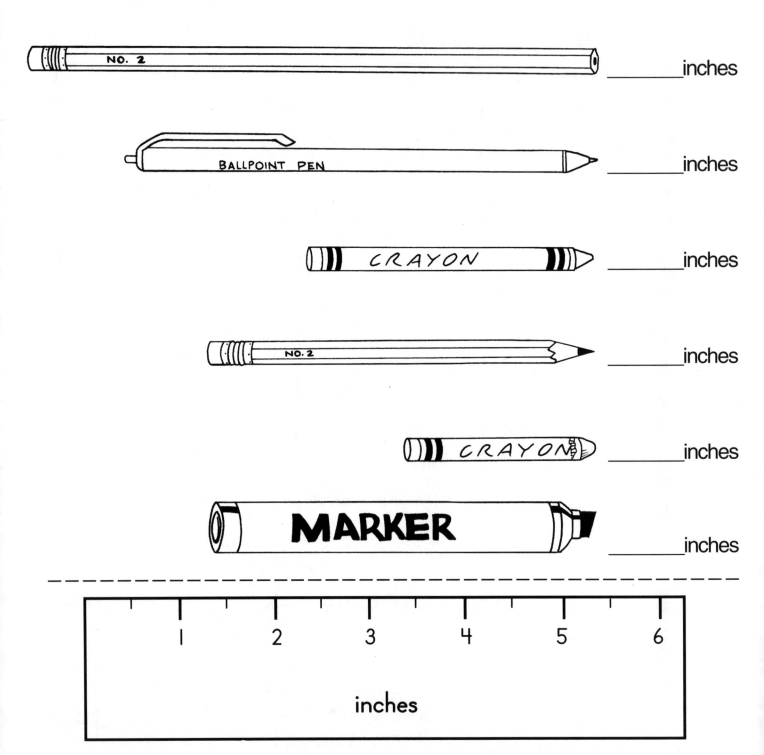

_____ inches

_____ inches

_____ inches

_____ inches

_____ inches

_____ inches

inches

How Many Centimeters?

Cut out the ruler at the bottom of this page.
Measure the pictures.

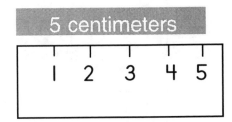

5 centimeters

| 1 | 2 | 3 | 4 | 5 |

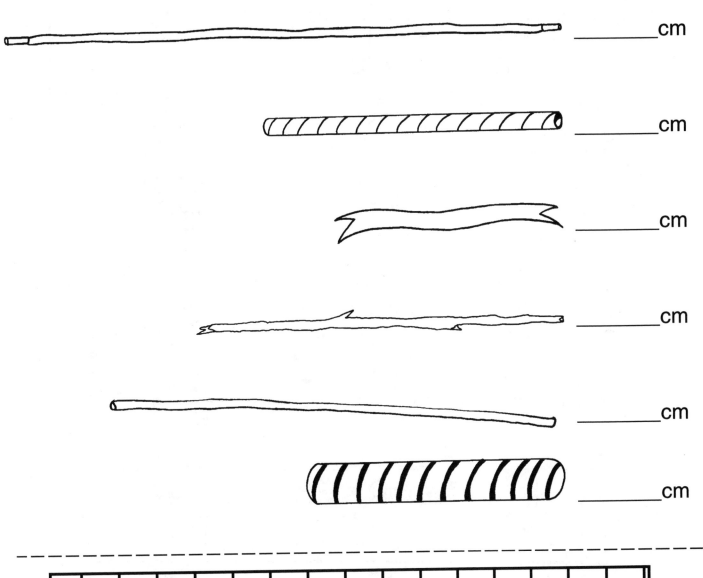

_____ cm

_____ cm

_____ cm

_____ cm

_____ cm

_____ cm

1 2 3 4 5 6 7 8 9 10 11 12 13 14 15 1

centimeters

So that's why you write <u>fourteen</u> that way!

1	4
Set of ten	ones left over

Now, read these numbers to someone.

Write the number.

 = $\underline{13}$  = _____

  = _____  = _____

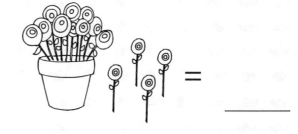 = _____

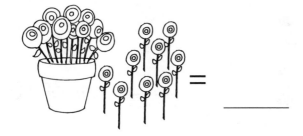 = _____ 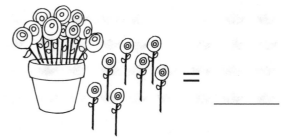 = _____

Fill in the missing numbers.

1									
									20

Circle sets of 10

__2__ sets of 10

_____ sets of 10

_____ sets of 10

_____ sets of 10

_____ sets of 10

_____ sets of 10

Match each set to its number.

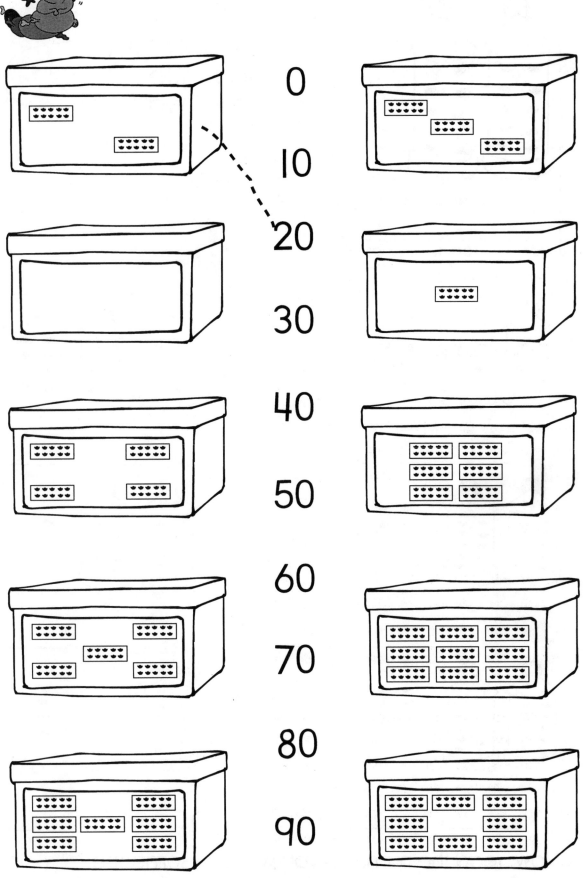

0

10

20

30

40

50

60

70

80

90

Now, read the numbers you wrote to someone.

So that's why you write 43 that way.

4
sets of
ten

3
ones left
over

Fill in the missing numbers.

40				
				49

Write the numbers.

<u>5</u> tens	<u>3</u> ones	= 53
<u> </u> tens	<u> </u> ones	= ___
<u> </u> tens	<u> </u> ones	= ___

<u>5</u> tens	and	<u>8</u> ones	= ___
<u>5</u> tens	and	<u>1</u> ones	= ___
<u>5</u> tens	and	<u>5</u> ones	= ___
<u>5</u> tens	and	<u>0</u> ones	= ___
<u>5</u> tens	and	<u>2</u> ones	= ___

Now, read the numbers you wrote to someone.

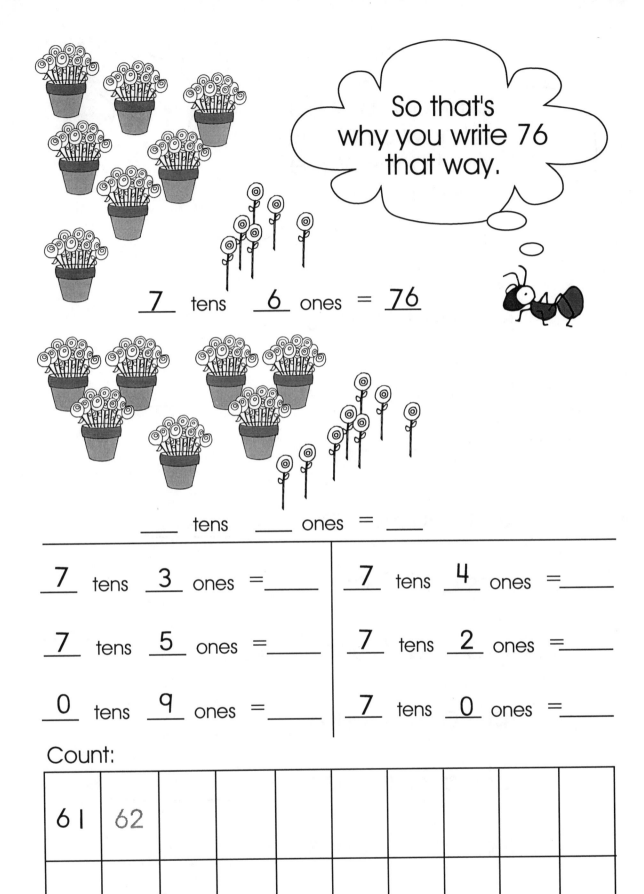

So that's why you write 76 that way.

_7_ tens _6_ ones = _76_

___ tens ___ ones = ___

_7_ tens _3_ ones =____   _7_ tens _4_ ones =____

_7_ tens _5_ ones =____   _7_ tens _2_ ones =____

_0_ tens _9_ ones =____   _7_ tens _0_ ones =____

Count:

61	62						
							80

Think about what you know about tens and ones. Write the number

8 tens and 2 ones   =   ___82___

8 tens and 6 ones   =   _____

8 tens and 3 ones   =   _____

8 tens and 9 ones   =   _____

8 tens and 0 ones   =   _____

8 tens and 7 ones   =   _____

8 tens and 4 ones   =   _____

8 tens and 1 ones   =   _____

8 tens and 8 ones   =   _____

8 tens and 5 ones   =   _____

Count the 10s.

is a set of ten.

93

Can you find the answers before this
hungry elephant eats all of the hay?

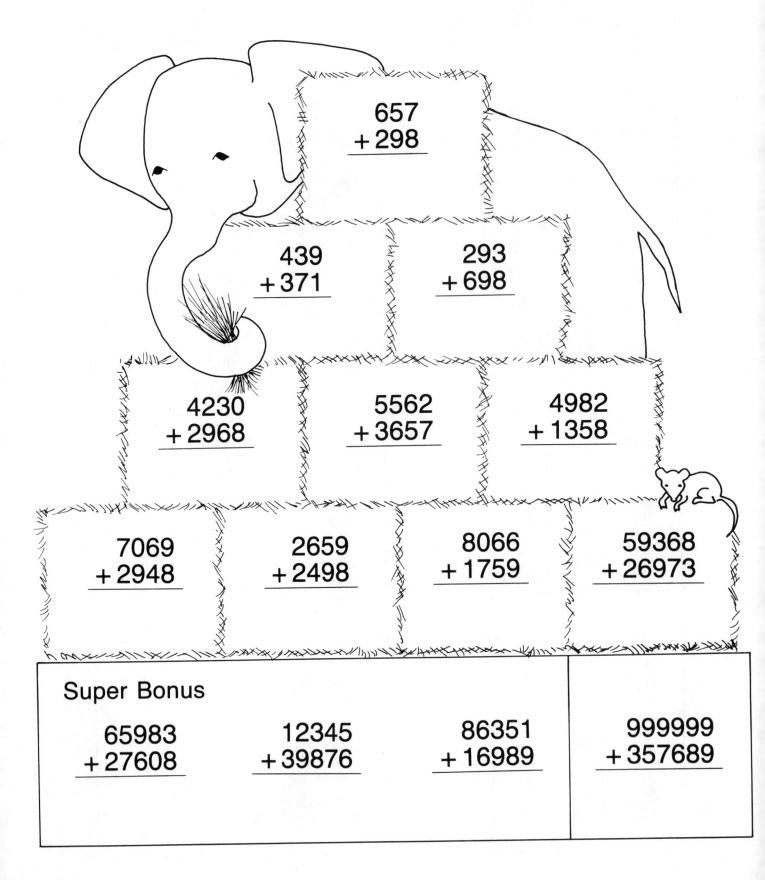

$$657 + 298$$

$$439 + 371$$

$$293 + 698$$

$$4230 + 2968$$

$$5562 + 3657$$

$$4982 + 1358$$

$$7069 + 2948$$

$$2659 + 2498$$

$$8066 + 1759$$

$$59368 + 26973$$

Super Bonus

$$65983 + 27608$$

$$12345 + 39876$$

$$86351 + 16989$$

$$999999 + 357689$$

Match the families.

87
− 23
64

83
− 42

66
− 33

96
− 55

87
− 54

98
− 34

69
− 36

79
− 15
64

39
− 14

77
− 52

68
− 55

68
− 27

99
− 86

96
− 71

75
− 62

How does an elephant get up in a tree?

111	s	425	i
130	t	482	e
175	h	536	n
212	o	555	d
297	f	600	g
303	r	674	a
321	c	747	w

586 − 411	589 − 107

437 − 326	935 − 510	353 − 223	624 − 513

496 − 284	767 − 231

977 − 303	999 − 463

____ ____   ____ ____ ____ ____   ____ ____

786 − 112	477 − 156	868 − 656	943 − 640	688 − 152

796 − 122	676 − 140	777 − 222

____ ____ ____ ____ ____   ____ ____ ____

998 − 251	889 − 215	589 − 164	781 − 651	581 − 470

798 − 501	539 − 327	528 − 225

657 − 232	476 − 346

____ ____ ____ ____ ____   ____ ____ ____

592 − 462	925 − 713

773 − 173	795 − 492	794 − 582	869 − 122

____ ____   ____ ____ ____ .

Skill: reads and understands the value of number names

Read the word. Write the numeral.

six _____

four _____

one _____

ten _____

seven _____

two _____

nine _____

three _____

eight _____

five _____

twelve _____

fifteen _____

seventeen _____

eleven _____

twenty _____

thirteen _____

eighteen _____

fourteen _____

nineteen _____

sixteen _____

Skill: • count by 10s to 100
• count by 5s to 100

Count by 10s.

10								

Count by 10s to connect the dots.

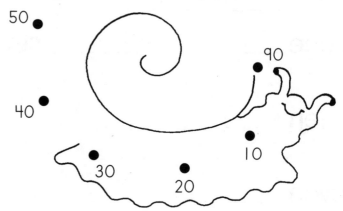

Count by 5s to 100.

5								

Count by 5s to connect the dots.

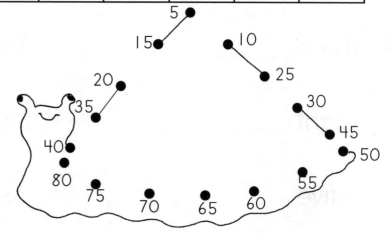

34 Counting by 5s and 10s to 100

Skill: count by 2s to 100

Count by 2s

2	4								

Count by 2s to connect the dots.

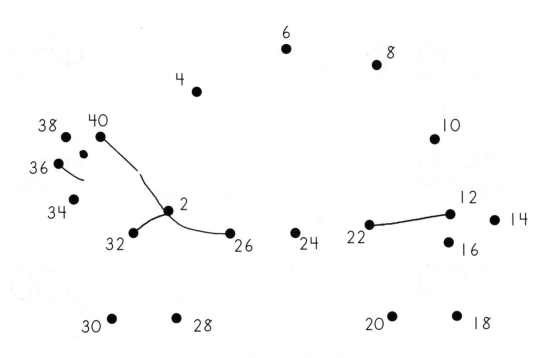

2 REVIEW

Skill: counts to 1000 by 100s.

Count to 1000 by 100s.

100 ____ ____ ____ ____

____ ____ ____ ____ ____

What comes 100 before and 100 after?

500 600 700

____ 200 ____

____ 800 ____

____ 400 ____

____ 300 ____

____ 900 ____

____ 700 ____

____ 500 ____

What comes before and after?

<u>28</u>   29   <u>30</u>   ___   60   ___

___   88   ___   ___   176   ___

___   243   ___   ___   329   ___

___   460   ___   ___   519   ___

___   622   ___   ___   781   ___

___   806   ___   ___   987   ___

Skill: determines the correct sign to be used in a number sentence

$$2 \boxed{+} 2 = 4 \qquad 2 \boxed{-} 2 = 0$$

Fill in the missing signs.

$4 \square 3 = 7$ $\qquad$ $4 \square 3 = 1$ $\qquad$ $9 \square 1 = 8$

$6 \square 2 = 4$ $\qquad$ $4 \square 4 = 8$ $\qquad$ $7 \square 5 = 2$

$1 \square 8 = 9$ $\qquad$ $5 \square 5 = 0$ $\qquad$ $9 \square 3 = 6$

$12 \square 4 = 8$ $\qquad$ $6 \square 6 = 12$ $\qquad$ $18 \square 9 = 9$

$7 \square 5 = 12$ $\qquad$ $9 \square 4 = 13$ $\qquad$ $15 \square 6 = 9$

Match:

• first

• second

• third

• fifth

• sixth

• seventh

• tenth

Skill: • understands greater than, less than, and equal
• can use the correct symbol < > =

$$8 > 2 \qquad 2 < 6$$

Fill in the circle.

9 ◯ 5   7 ◯ 9   3 ◯ 5

11 ◯ 21   23 ◯ 32   64 ◯ 48

59 ◯ 54   27 ◯ 27   63 ◯ 10

87 ◯ 88   47 ◯ 74   55 ◯ 51

Fill in the blanks.

_____ < _____   _____ > _____

Skill: recalls basic addition and subtraction facts to 18

Find the answer.

9 +9	5 +8	13 −4	8 +4	14 −5
18 −9	16 −8	8 +7	14 −6	7 +6
9 +6	15 −9	13 −6	12 −3	9 +4
7 +9	9 +5	15 −6	16 −7	13 −5
17 −8	8 −8	4 +9	12 −8	17 −7

Add.

$$
\begin{array}{r} 3 \\ 1 \\ +8 \\ \hline \end{array}
\qquad
\begin{array}{r} 6 \\ 7 \\ +2 \\ \hline \end{array}
\qquad
\begin{array}{r} 4 \\ 2 \\ +4 \\ \hline \end{array}
\qquad
\begin{array}{r} 8 \\ 4 \\ +1 \\ \hline \end{array}
\qquad
\begin{array}{r} 2 \\ 1 \\ +7 \\ \hline \end{array}
$$

$$
\begin{array}{r} 5 \\ 6 \\ +4 \\ \hline \end{array}
\qquad
\begin{array}{r} 5 \\ 4 \\ +6 \\ \hline \end{array}
\qquad
\begin{array}{r} 4 \\ 3 \\ +6 \\ \hline \end{array}
\qquad
\begin{array}{r} 8 \\ 5 \\ +4 \\ \hline \end{array}
\qquad
\begin{array}{r} 9 \\ 6 \\ +3 \\ \hline \end{array}
$$

$$
\begin{array}{r} 9 \\ 4 \\ +4 \\ \hline \end{array}
\qquad
\begin{array}{r} 8 \\ 0 \\ +9 \\ \hline \end{array}
\qquad
\begin{array}{r} 7 \\ 7 \\ +4 \\ \hline \end{array}
\qquad
\begin{array}{r} 9 \\ 5 \\ +1 \\ \hline \end{array}
\qquad
\begin{array}{r} 8 \\ 4 \\ +2 \\ \hline \end{array}
$$

Skill: adds two-digit numbers with or without regrouping

Add.

18 +51	63 +28	45 +32	37 +59	46 +29
19 +40	63 +35	52 +17	23 +68	25 +65
13 +67	45 +23	27 +64	59 +39	55 +28
52 +29	24 +45	90 +30	28 +61	35 +45

Add.

$$
\begin{array}{r} 25 \\ 41 \\ +32 \\ \hline \end{array}
\qquad
\begin{array}{r} 64 \\ 25 \\ +10 \\ \hline \end{array}
\qquad
\begin{array}{r} 17 \\ 60 \\ +22 \\ \hline \end{array}
\qquad
\begin{array}{r} 33 \\ 33 \\ +33 \\ \hline \end{array}
\qquad
\begin{array}{r} 51 \\ 24 \\ +14 \\ \hline \end{array}
$$

$$
\begin{array}{r} 12 \\ 42 \\ +45 \\ \hline \end{array}
\qquad
\begin{array}{r} 34 \\ 43 \\ +12 \\ \hline \end{array}
\qquad
\begin{array}{r} 28 \\ 51 \\ +20 \\ \hline \end{array}
\qquad
\begin{array}{r} 22 \\ 33 \\ +44 \\ \hline \end{array}
\qquad
\begin{array}{r} 28 \\ 60 \\ +11 \\ \hline \end{array}
$$

$$
\begin{array}{r} 40 \\ 20 \\ +30 \\ \hline \end{array}
\qquad
\begin{array}{r} 25 \\ 31 \\ +22 \\ \hline \end{array}
\qquad
\begin{array}{r} 16 \\ 33 \\ +50 \\ \hline \end{array}
\qquad
\begin{array}{r} 18 \\ 50 \\ +11 \\ \hline \end{array}
\qquad
\begin{array}{r} 63 \\ 16 \\ +20 \\ \hline \end{array}
$$

Skill: subtracts 2-digit numbers with or without regrouping

Subtract.

$$\begin{array}{r} 87 \\ -\ 23 \\ \hline \end{array} \qquad \begin{array}{r} 96 \\ -\ 55 \\ \hline \end{array} \qquad \begin{array}{r} 69 \\ -\ 36 \\ \hline \end{array} \qquad \begin{array}{r} 86 \\ -\ 39 \\ \hline \end{array}$$

$$\begin{array}{r} 93 \\ -\ 67 \\ \hline \end{array} \qquad \begin{array}{r} 79 \\ -\ 15 \\ \hline \end{array} \qquad \begin{array}{r} 39 \\ -\ 14 \\ \hline \end{array} \qquad \begin{array}{r} 91 \\ -\ 46 \\ \hline \end{array}$$

$$\begin{array}{r} 68 \\ -\ 55 \\ \hline \end{array} \qquad \begin{array}{r} 22 \\ -\ 17 \\ \hline \end{array} \qquad \begin{array}{r} 87 \\ -\ 54 \\ \hline \end{array} \qquad \begin{array}{r} 74 \\ -\ 14 \\ \hline \end{array}$$

$$\begin{array}{r} 82 \\ -\ 27 \\ \hline \end{array} \qquad \begin{array}{r} 90 \\ -\ 36 \\ \hline \end{array} \qquad \begin{array}{r} 68 \\ -\ 27 \\ \hline \end{array} \qquad \begin{array}{r} 99 \\ -\ 86 \\ \hline \end{array}$$

Skill: adds and subtracts 3-digit numbers without regrouping

Subtract.

689	655	735	488
−465	−324	−123	−408

684	569	968	367
−203	−150	−851	−212

448	357	699	652
−442	−341	−290	−120

Multiply.

3 x 4 = _____   2 x 2 = _____   3 x 2 = _____

5 x 2 = _____   1 x 3 = _____   4 x 3 = _____

6 x 3 = _____   2 x 4 = _____   5 x 4 = _____

8	4	9	7	3
x 2	x 4	x 2	x 3	x 5

6	1	3	4	8
x 4	x 5	x 3	x 2	x 3

Skill: • recalls division facts with dividends less than 25
• recognizes ÷ and $\overline{)}$ as symbols for divide

6 ÷ 2 =   4 ÷ 2 =   10 ÷ 5 =

8 ÷ 4 =   9 ÷ 3 =   2 ÷ 1 =

$2\overline{)14}$ $3\overline{)21}$ $4\overline{)8}$

$5\overline{)5}$ $3\overline{)18}$ $2\overline{)10}$

$5\overline{)15}$ $3\overline{)12}$ $2\overline{)16}$

Skill: identifies these basic geometric shapes

circle   square

rectangle   triangle

Match:

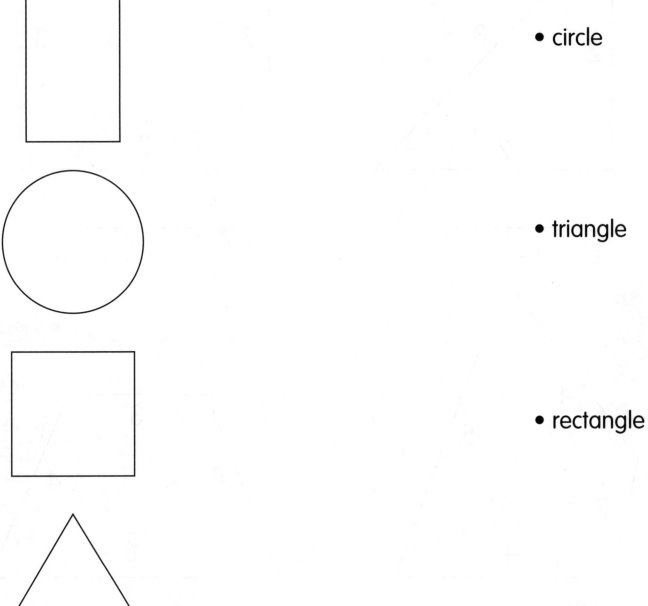

- circle

- triangle

- rectangle

- square

Skill: figures the perimeter of a rectangle when given the length of all sides

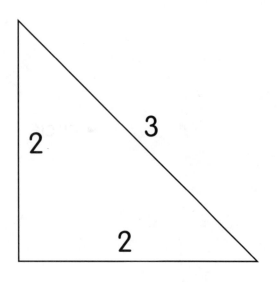

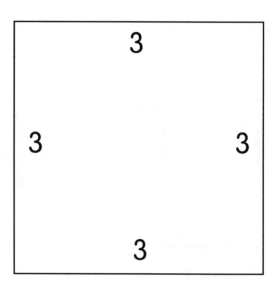

_____

_____

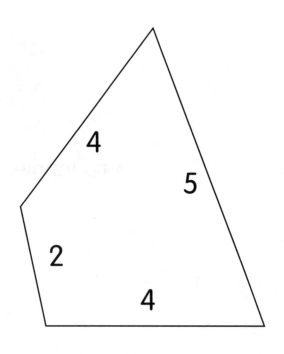

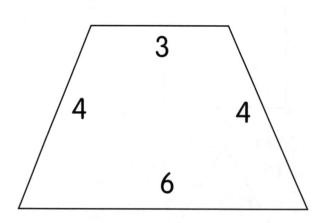

_____

_____

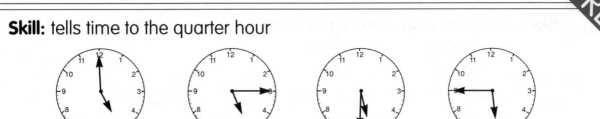

Skill: tells time to the quarter hour

5:00   5:15   5:30   5:45

Write the time.

4:00

_____

_____

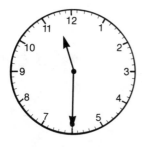

_____

_____

_____

_____

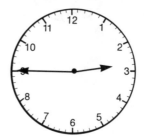

_____

_____

Skill: names and gives the value of coins

penny	nickel
dime	quarter

Match:

dime •

• 5 cents

penny •

• 1 cent

quarter •

• 25 cents

nickel •

• 10 cents

How much money is in the box?

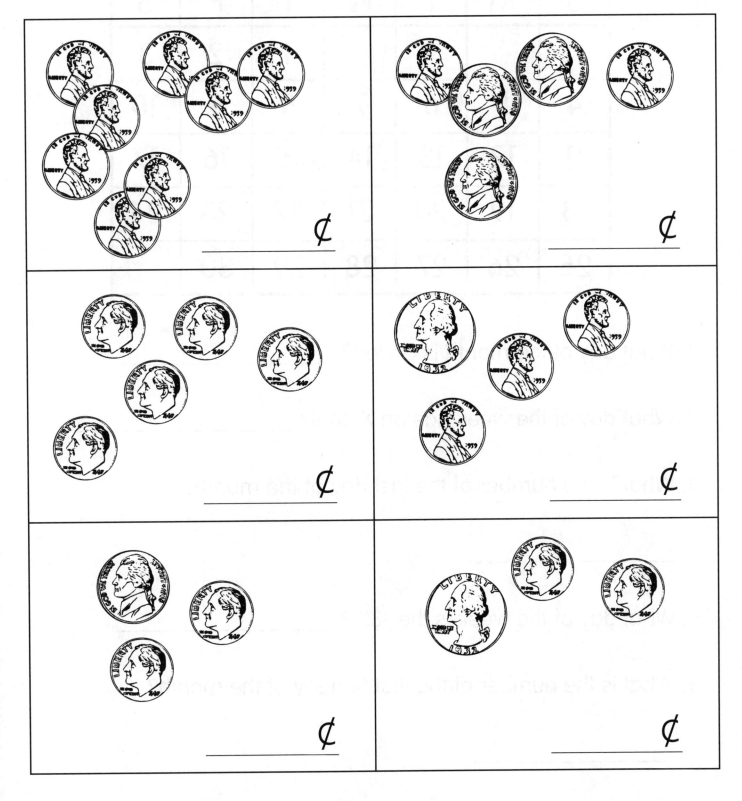

Skill: identifies the day of the month and the day of the week on a calendar

S	M	T	W	T	F	S
				1	2	3
4	5	6	7	8	9	10
11	12	13	14	15	16	17
18	19	20	21	22	23	24
25	26	27	28	29	30	

1. What day of the month is circled? _____

2. What day of the week has an X on it? _____

3. What is the number of the last day of the month?

_____

4. What day of the week is the 18th? _____

5. What is the number of the first Sunday of the month?

_____

Parents: Have your child cut out the ruler at the bottom of this page. One side shows inches. Use it with this page. The other side has centimeters to use with page 26.

Skill: measure lengths to the nearest 1/2 inch

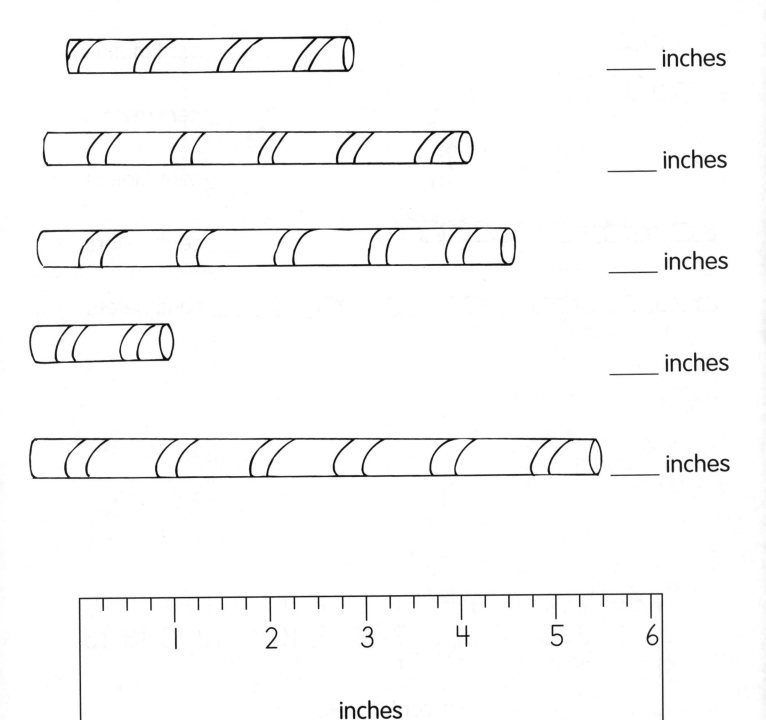

_____ inches

_____ inches

_____ inches

_____ inches

_____ inches

Parents: Have your child cut out the ruler at the bottom of this page.
Use the centimeter side with this page.

Skill: measure lengths to nearst centimeter

_____ centimeters

_____ centimeters

_____ centimeters

_____ centimeters

_____ centimeters

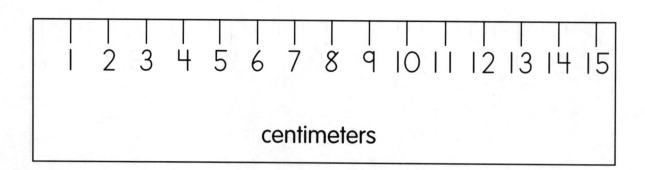

| | 1 | 2 | 3 | 4 | 5 | 6 | 7 | 8 | 9 | 10 | 11 | 12 | 13 | 14 | 15 |

centimeters

Circle the fraction.

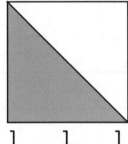

$\frac{1}{2}$ $\frac{1}{4}$ $\frac{1}{3}$

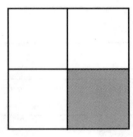

$\frac{1}{2}$ $\frac{1}{4}$ $\frac{1}{3}$

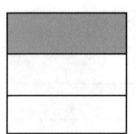

$\frac{1}{2}$ $\frac{1}{4}$ $\frac{1}{3}$

Color the fraction.

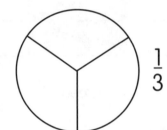 $\frac{1}{3}$

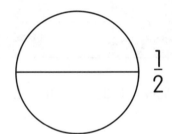 $\frac{1}{2}$

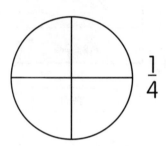 $\frac{1}{4}$

Match the fraction to its name.

• $\frac{1}{4}$

• $\frac{1}{3}$

• $\frac{1}{2}$

Skill: interprets information on a bar graph to solve problems

Favorite Colors

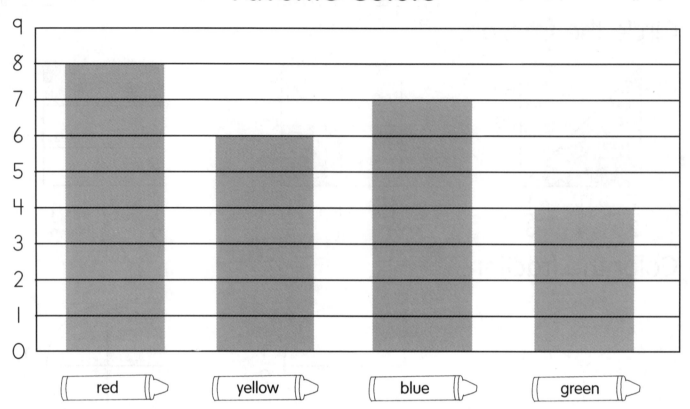

1. How many picked:

red?_____   yellow?_____   green?_____   blue?_____

2. What color was picked most? _____

3. How many picked green and red together? _____

4. How many more picked red than green? _____

Skill: solves word problems involving addition, subtraction, and money

Find the answer.
Draw a picture if you need help.

1. 9 friends ate cake. 6 friends ate cookies. How many more ate cake than cookies?	2. 8 girls and 5 boys went on a hike. How many went on the hike?
3. Eric put 4 pennies, 1 nickel, and 1 dime in his bank. How much money did he save?	4. One red balloon costs 10 cents. How much will 5 cost?
5. Tom collects rocks. He has 15 small rocks and 6 big rocks. How many more small rocks does he have?	6. Mark has 7 marbles, Ann has 6 marbles, and Sam has 5 marbles. How many marbles are there in all?

Skill: demonstrates an understanding of place value

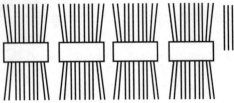

4 tens and 3 ones = 43

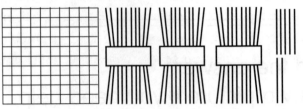

1 hundred, 3 tens and 7 ones = 137

Write the numeral on the line.

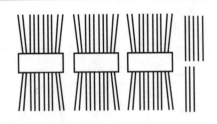

_____ tens and _____ ones = _____

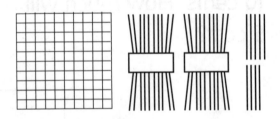

_____ hundreds, _____ tens and _____ ones = _____

6 tens and 7 ones = _____   2 hundreds, 5 tens and 3 ones = _____

1 ten and 9 ones = _____   4 hundreds, 6 tens and 6 ones = _____

8 ten and 0 ones = _____   1 hundred, 1 ten and 8 ones = _____

Answer Key

Please take time to go over the work your child has completed. Ask your child to explain what he/she has done. Praise both success and effort. If mistakes have been made, explain what the answer should have been and how to find it. Let your child know that mistakes are a part of learning. The time you spend with your child helps let him/her know you feel learning is important.

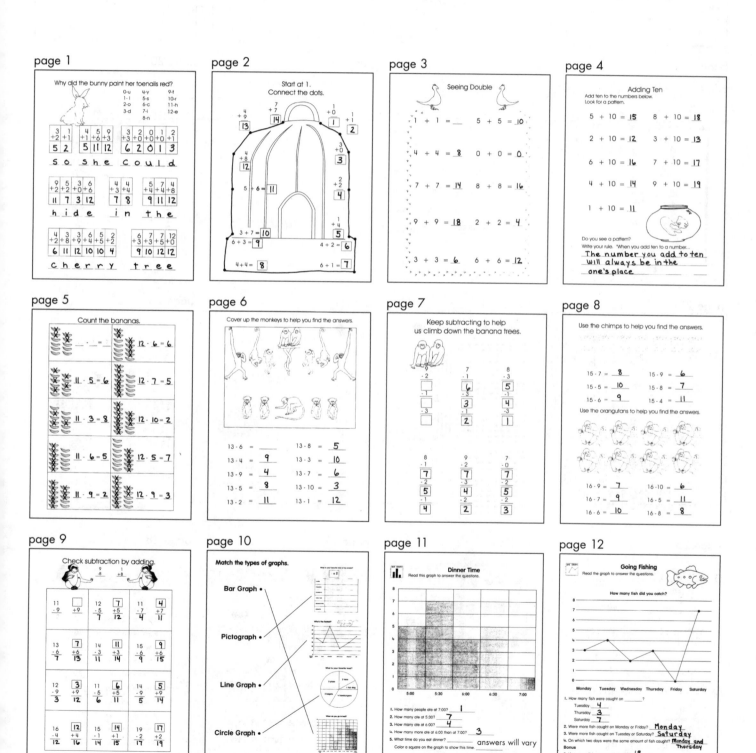

page 13

What is your favorite fast food?
Read the graph to answer these questions.

(Pie chart: 3 pizza, 2 taco, 1 hot dog, 4 hamburgers, 2 bagels)

1. How many students were asked the question? __12__
2. How many different fast foods were named? __5__
3. How many said "taco"? __2__
4. Which fast food did the most people like? __hamburgers__

Bonus:
5. What fraction said "pizza" $\frac{3}{12}$ or $\frac{1}{4}$?

page 14

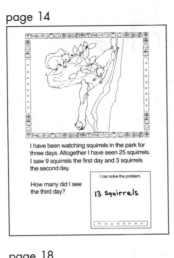

I have been watching squirrels in the park for three days. Altogether I have seen 25 squirrels. I saw 9 squirrels the first day and 3 squirrels the second day.

How many did I see the third day?

I can solve the problem.
13 squirrels

page 15

(Acorns: 6, 9, 12, 16, 18, 21, 24)

- Which number in this pattern is wrong?
- What should the number be?

number 16
Should be 15

page 16

- How many candles will be on my birthday cake if I am 3 1/2 years older than my 5 1/2 year old friend?

I can solve the problem.
9 candles

page 17

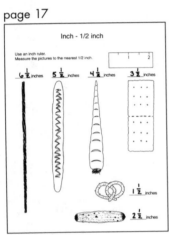

Inch - 1/2 inch

Use an inch ruler.
Measure the pictures to the nearest 1/2 inch.

$6\frac{1}{2}$ inches $5\frac{1}{2}$ inches $4\frac{1}{2}$ inches $3\frac{1}{2}$ inches

$1\frac{1}{2}$ inches
$2\frac{1}{2}$ inches

page 18

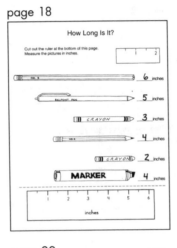

How Long Is It?

Cut out the ruler at the bottom of this page.
Measure the pictures in inches.

PENCIL — __6__ inches
BALLPOINT PEN — __5__ inches
CRAYON — __3__ inches
PENCIL — __4__ inches
CRAYON — __2__ inches
MARKER — __4__ inches

inches

page 19

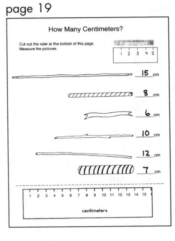

How Many Centimeters?

Cut out the ruler at the bottom of this page.
Measure the pictures.

__15__ cm
__8__ cm
__6__ cm
__10__ cm
__12__ cm
__7__ cm

centimeters

page 20

So that's why you write __fourteen__ that way!

1 4
Set of   ones left
ten   over

1 2   1 6   1 1
1 7   1 5   1 8
1 3   1 9   1 0

Now, read these numbers to someone.

page 21

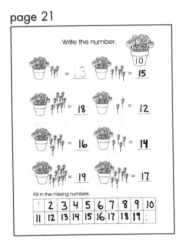

Write the number.

= __13__   = __15__
= __18__   = __12__
= __16__   = __14__
= __19__   = __17__

Fill in the missing numbers.

1	2	3	4	5	6	7	8	9	10
11	12	13	14	15	16	17	18	19	

page 22

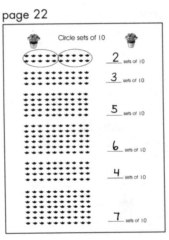

Circle sets of 10

__2__ sets of 10
__3__ sets of 10
__5__ sets of 10
__6__ sets of 10
__4__ sets of 10
__7__ sets of 10

page 23

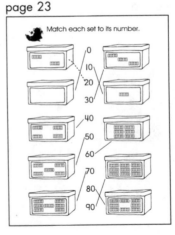

Match each set to its number.

0
10
20
30
40
50
60
70
80
90

page 24

So that's why you write 20 that way.

2 0
sets of   ones left
ten   over

2 3   2 8
2 2   2 2
2 6   2 5

Now, read the numbers you wrote to someone.

page 25

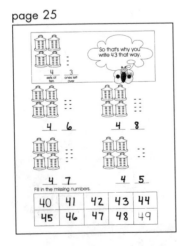

So that's why you write 43 that way.

4 3
tens ones left
      over

__4__ __6__   __4__ __8__
__4__ __7__   __4__ __5__

Fill in the missing numbers.

40	41	42	43	44
45	46	47	48	49

page 26

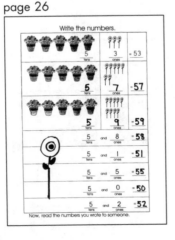

Write the numbers.

__5__ tens __3__ ones = 53
__5__ tens __7__ ones = 57
__5__ tens __9__ ones = 59
__5__ tens and __8__ ones = 58
__5__ tens and __1__ ones = 51
__5__ tens and __5__ ones = 55
__5__ tens and __0__ ones = 50
__5__ tens and __2__ ones = 52

Now, read the numbers you wrote to someone.

page 27

So that's why you write 76 that way.

__7__ tens __6__ ones = 76
__7__ tens __8__ ones = 78

__7__ tens __3__ ones = __73__   __7__ tens __4__ ones = __74__
__7__ tens __5__ ones = __75__   __7__ tens __2__ ones = __72__
__0__ tens __9__ ones = __9__   __7__ tens __0__ ones = __70__

Count:

61	62	63	64	65	66	67	68	69	70
71	72	73	74	75	76	77	78	79	80

page 28

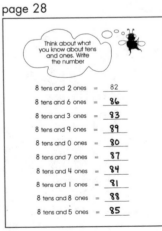

Think about what you know about tens and ones. Write the number

8 tens and 2 ones = __82__
8 tens and 6 ones = __86__
8 tens and 3 ones = __83__
8 tens and 9 ones = __89__
8 tens and 0 ones = __80__
8 tens and 7 ones = __87__
8 tens and 4 ones = __84__
8 tens and 1 ones = __81__
8 tens and 8 ones = __88__
8 tens and 5 ones = __85__

page 29

Count the 10s.

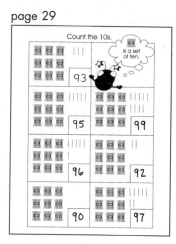

| | | | is a set of ten. |

93
95   99
96   92
90   97

page 30

Can you find the answers before this hungry elephant eats all of the hay?

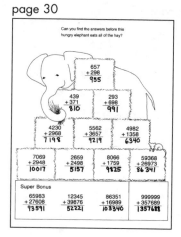

657
+298
955

439   293
+371   +698
810   **991**

4230   5562   4982
+2968   +3657   +1358
7198   **9219** **6340**

7069   2659   8066   59368
+2948   +2498   +1759   +26973
10017 **5157** **9825** **86341**

Super Bonus

65983   12345   86351   999999
+27608   +39876   +16989   +357689
93591 **52221** **103340** **1357688**

page 31

Match the families.

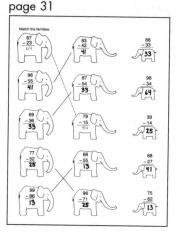

87   83   66
−23   −42   −33
64   **41**   **33**

96   87   98
−55   −54   −34
41   **33**   **64**

69   79   39
−36   −15   −14
33   **64**   **25**

77   68   68
−52   −55   −27
25   **13**   **41**

99   96   75
−86   −71   −62
13   **25**   **13**

page 32

How does an elephant get up in a tree?

111	s	425	i
130	t	482	e
175	h	536	m
212	o	555	d
297	r	600	g
303	r	674	a
321	c	747	w

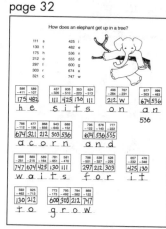

586	589		437	935	353	624		496	767		877	999
−411	−107		−326	−510	−223	−513		−284	−231		−303	−463
175	**482**		**111**	**425**	**130**	**111**		**212**	W		**674**	**536**

h   e   s i t   o n   a n

536

798	477		796	676	777			796	539	526	
−112	−156		−858	−868	−152			−501	−327	−223	
674	**321**		**212**	**212**	**555**			**297**	**212**	**303**	

a   c   o   r   n   a   n   d

998	889	589	781	581		796	539	526		657	476
−251	−215	−130	−670	−470		−501	−327	−223		−232	−346
747	**674**	**425**	**130**	**111**		**297**	**212**	**303**		**425**	**130**

w   a   i   t   s   f   o   r   i   t

582	925		717	795	794	969	
−452	−713		−117	−492	−582	−122	
130	**212**		**600**	**303**	**212**	**747**	

t   o   g   r   o   w

page 33

Skill: reads and understands the value of number names

Read the word. Write the numeral.

six	**6**	twelve	**12**
four	**4**	fifteen	**15**
one	**1**	seventeen	**17**
ten	**10**	eleven	**11**
seven	**7**	twenty	**20**
two	**2**	thirteen	**13**
nine	**9**	eighteen	**18**
three	**3**	fourteen	**14**
eight	**8**	nineteen	**19**
five	**5**	sixteen	**16**

page 34

Skill: • count by 10s to 100
• count by 5s to 100

Count by 10s.

| 10 | 20 | 30 | 40 | 50 | 60 | 70 | 80 | 90 | 100 |

Count by 10s to connect the dots.

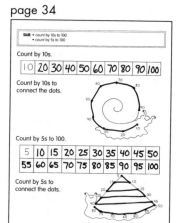

Count by 5s to 100.

| 5 | 10 | 15 | 20 | 25 | 30 | 35 | 40 | 45 | 50 |
| 55 | 60 | 65 | 70 | 75 | 80 | 85 | 90 | 95 | 100 |

Count by 5s to connect the dots.

page 35

Skill: count by 2s to 100

Count by 2s

2	4	6	8	10	12	14	16	18	20
22	24	26	28	30	32	34	36	38	40
42	44	46	48	50	52	54	56	58	60
62	64	66	68	70	72	74	76	78	80
82	84	86	88	90	92	94	96	98	100

Count by 2s to connect the dots.

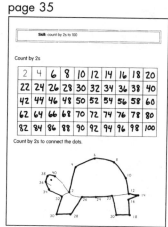

page 36

Skill: counts to 1000 by 100s

Count to 1000 by 100s.

| 100 | 200 | 300 | 400 | 500 |
| 600 | 700 | 800 | 900 | 1000 |

What comes 100 before and 100 after?

500 600 **700**   **100** 200 **300**

700 800 **900**   300 400 **500**

200 300 **400**   **800** 900 **1000**

600 700 **800**   400 500 **600**

page 37

Skill: identifies what comes before and after to 999

What comes before and after?

28 29 **30**   **59** 60 **61**

87 88 **89**   **175** 176 **177**

242 243 **244**   **328** 329 **330**

459 460 **461**   **518** 519 **520**

621 622 **623**   **780** 781 **782**

805 806 **807**   **986** 987 **988**

page 38

Skill: determines the correct sign to be used in a number sentence

2 **+** 2 = 4   2 **−** 2 = 0

Fill in the missing signs.

4 **+** 3 = 7   4 **−** 3 = 1   9 **−** 1 = 8

6 **−** 2 = 4   4 **+** 4 = 8   7 **−** 5 = 2

1 **+** 8 = 9   5 **−** 5 = 0   9 **−** 3 = 6

12 **−** 4 = 8   6 **+** 6 = 12   18 **−** 9 = 9

7 **+** 5 = 12   9 **+** 4 = 13   15 **−** 6 = 9

page 39

Skill: reads and understands ordinal numbers

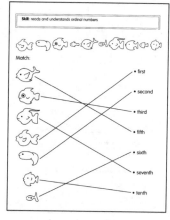

Match:

• first
• second
• third
• fifth
• sixth
• seventh
• tenth

page 40

Skill: • understands greater than, less than, and equal
• can use the correct symbol > =

8 > 2   2 < 6

Fill in the circle.

9 **>** 5   7 **<** 9   3 **<** 5

11 **<** 21   23 **<** 32   64 **>** 48

59 **>** 54   27 **=** 27   63 **>** 10

87 **<** 88   47 **<** 74   55 **>** 51

Fill in the blanks.

____ < answers will vary >____

page 41

Skill: recalls basic addition and subtraction facts to 18

Find the answer.

9   5   13   8   14
+9   +8   −4   +4   −5
18 **13** **9**   **12** **9**

18   16   8   14   7
−9   −8   +7   −6   +6
9   **8**   **15** **8**   **13**

9   15   13   12   9
+6   −9   −6   −3   +4
15 **6**   **7**   **9**   **13**

7   9   15   16   13
+9   +5   −6   −7   −5
16 **14** **9**   **9**   **8**

17   8   4   12   17
−8   −8   +9   −8   −7
9   **0**   **13** **4**   **10**

page 42

Skill: adds three 1-digit numbers to sums of 18

Add.

3   6   4   8   2
1   7   2   4   1
+8   +2   +4   +1   +7
12 **15** **10** **13** **10**

5   5   4   8   9
6   4   3   5   6
+4   +6   +6   +4   +3
15 **15** **13** **17** **18**

9   8   7   9   8
4   0   7   5   4
+4   +9   +4   +1   +2
17 **17** **18** **15** **14**

page 43

Skill: adds two-digit numbers with or without regrouping

Add.

18   63   45   37   46
+51   +28   +32   +59   +29
69 **91** **77** **96** **75**

19   63   52   23   25
+40   +35   +17   +68   +65
59 **98** **69** **91** **90**

13   45   27   59   55
+67   +23   +64   +39   +28
80 **68** **91** **98** **83**

52   24   90   28   35
+29   +45   +30   +61   +45
81 **69** **120** **89** **80**

page 44

Skill: adds three 2-digit numbers without regrouping

Add.

25   64   17   33   51
41   25   60   33   24
+32   +10   +22   +33   +14
98 **99** **99** **99** **89**

12   34   28   22   28
42   43   51   33   60
+45   +12   +20   +44   +11
99 **89** **99** **99** **99**

40   25   16   18   63
20   31   33   50   16
+30   +22   +50   +11   +20
90 **78** **99** **79** **99**

63   Answers

page 45

Skill: subtracts 2-digit numbers with or without regrouping

Subtract.

87 − 23 = **64**	96 − 55 = **41**	69 − 36 = **33**	86 − 39 = **47**
93 − 67 = **26**	79 − 15 = **64**	39 − 14 = **25**	91 − 46 = **45**
68 − 55 = **13**	22 − 17 = **5**	87 − 54 = **33**	74 − 14 = **60**
82 − 27 = **55**	90 − 36 = **54**	68 − 27 = **41**	99 − 86 = **13**

page 46

Skill: adds and subtracts 3-digit numbers without regrouping

Subtract.

689 − 465 = **224**	655 − 324 = **331**	735 − 123 = **612**	488 − 408 = **80**
684 − 203 = **481**	569 − 150 = **419**	968 − 851 = **117**	367 − 212 = **155**
448 − 442 = **6**	357 − 341 = **16**	699 − 290 = **409**	652 − 120 = **532**

page 47

Skill: • recalls multiplication facts with products less than 25
• recognizes x as a symbol for multiply

Multiply.

3 x 4 = **12**   2 x 2 = **4**   3 x 2 = **6**
5 x 2 = **10**   1 x 3 = **3**   4 x 3 = **12**
6 x 3 = **18**   2 x 4 = **8**   5 x 4 = **20**

| 8 x 2 = **16** | 4 x 4 = **16** | 9 x 2 = **18** | 7 x 3 = **21** | 3 x 5 = **15** |
| 6 x 4 = **24** | 1 x 5 = **5** | 3 x 3 = **9** | 4 x 2 = **8** | 8 x 3 = **24** |

page 48

Skill: • recalls division facts with dividends less than 25
• recognizes ÷ and ⌐ as symbols for divide

6 ÷ 2 = **3**   4 ÷ 2 = **2**   10 ÷ 5 = **2**
8 ÷ 4 = **2**   9 ÷ 3 = **3**   2 ÷ 1 = **2**

2⌐14 = **7**   3⌐21 = **7**   4⌐8 = **2**
5⌐5 = **1**   3⌐18 = **6**   2⌐10 = **5**
5⌐15 = **3**   3⌐12 = **4**   2⌐16 = **8**

page 49

Skill: identifies these basic geometric shapes
circle   square   rectangle   triangle

Match:

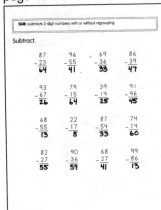

• circle
• triangle
• rectangle
• square

page 50

Skill: figures the perimeter of a rectangle when given the length of all sides

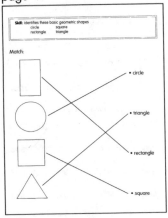

7   **12**
15   **17**

page 51

Skill: tells time to the quarter hour

5:00   5:15   5:30   5:45

Write the time.

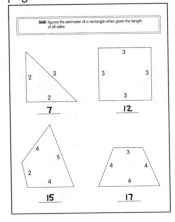

4:00   **2:15**   **8:30**
11:30   **3:30**   **9:45**
4:15   **2:45**   **6:00**

page 52

Skill: names and gives the value of coins
penny   nickel   dime   quarter

Match:

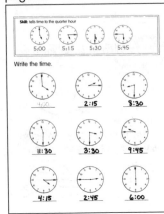

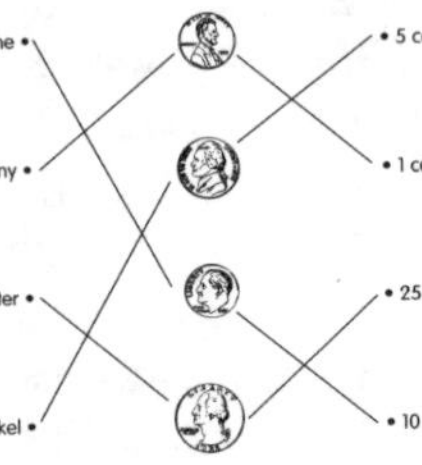

dime •   • 5 cents
penny •   • 1 cent
quarter •   • 25 cents
nickel •   • 10 cents

page 53

Skill: determines the value for a collection of coins

How much money is in the box?

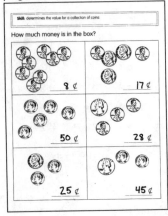

8 ¢   **17 ¢**
50 ¢   **28 ¢**
25 ¢   **45 ¢**

page 54

Skill: identifies the day of the month and the day of the week on a calendar

S	M	T	W	T	F	S
				1	2	3
4	5	6	7	8	9	10
11	12	13	14	15	16	17
18	19	20	21	22	23	24
25	26	27	28	29	30	

1. What day of the month is circled? **15th**
2. What day of the week has an x on it? **Monday**
3. What is the number of the last day of the month? **30**
4. What day of the week is the 18th? **Sunday**
5. What is the number of the first Sunday of the month? **4th**

page 55

Parents: Have your child cut out the ruler at the bottom of this page. One side shows inches. Use it with this page. The other side has centimeters to use with page 26.

Skill: measure lengths to the nearest 1/2 inch

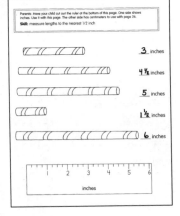

3 inches
4 ½ inches
5 inches
1 ½ inches
6 inches

page 56

Parents: Have your child cut out the ruler at the bottom of this page. Use the centimeter side with this page.

Skill: measure lengths to nearst centimeter

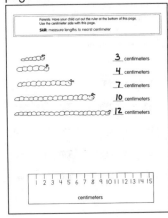

3 centimeters
4 centimeters
7 centimeters
10 centimeters
12 centimeters

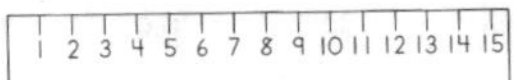

page 57

Skill: identifies and names fractional parts of a region
½   ¼   ⅓

Circle the fraction.

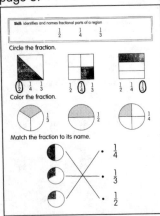

Color the fraction.

⅓   ½   ¼

Match the fraction to its name.

• ¼
• ⅓
• ½

page 58

Skill: interprets information on a bar graph to solve problems

Favorite Colors

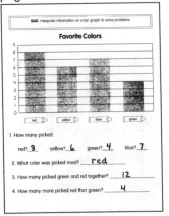

red   yellow   blue   green

1. How many picked:
red? **8**   yellow? **6**   green? **4**   blue? **7**
2. What color was picked most? **red**
3. How many picked green and red together? **12**
4. How many more picked red than green? **4**

page 59

Skill: solves word problems involving addition, subtraction, and money

Find the answer.
Draw a picture if you need help.

1. 9 friends ate cake. 6 friends ate cookies. How many more ate cake than cookies? **3**

2. 8 girls and 5 boys went on a hike. How many went on the hike? **13**

3. Eric put 4 pennies, 1 nickel, and 1 dime in his bank. How much money did he save? **19¢**

4. One red balloon costs 10 cents. How much will 5 cost? **50¢**

5. Tom collects rocks. He has 15 small rocks and 6 big rocks. How many more small rocks does he have? **9**

6. Mark has 7 marbles, Ann has 6 marbles, and Sam has 5 marbles. How many marbles are there in all? **18**

page 60

Skill: demonstrates an understanding of place value

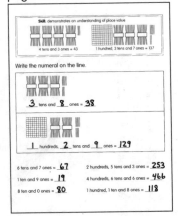

4 tens and 3 ones = 43   1 hundred, 3 tens and 7 ones = 137

Write the numeral on the line.

3 tens and **8** ones = **38**

1 hundreds, **2** tens and **9** ones = **129**

6 tens and 7 ones = **67**   2 hundreds, 5 tens and 3 ones = **253**
1 ten and 9 ones = **19**   4 hundreds, 6 tens and 6 ones = **466**
8 ten and 0 ones = **80**   1 hundred, 1 ten and 8 ones = **118**

Why did the bunny paint her toenails red?

0-u	4-y	9-t
1- l	5-s	10-r
2-o	6-c	11-h
3-d	7-i	12-e
	8-n	

3	1
+2	+1

4	5	9
+1	+6	+3

3	2	0	1	2
+3	+0	+0	+0	+1

9	5	3	6
+2	+2	+0	+6

4	4
+3	+4

5	7	4
+4	+4	+8

4	3	3	6	5	2
+2	+8	+9	+4	+5	+2

6	7	7	12
+3	+3	+5	+0

1   Solving addition problems

Start at 1.
Connect the dots.

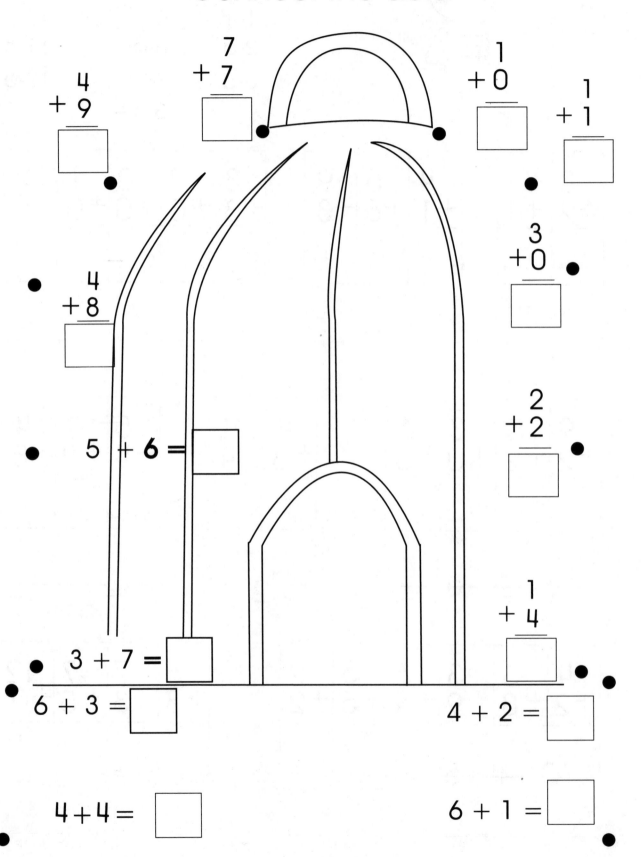

$\begin{array}{r} 4 \\ +9 \\ \hline \end{array}$

$\begin{array}{r} 7 \\ +7 \\ \hline \end{array}$

$\begin{array}{r} 1 \\ +0 \\ \hline \end{array}$

$\begin{array}{r} 1 \\ +1 \\ \hline \end{array}$

$\begin{array}{r} 4 \\ +8 \\ \hline \end{array}$

$\begin{array}{r} 3 \\ +0 \\ \hline \end{array}$

$5 + 6 = \square$

$\begin{array}{r} 2 \\ +2 \\ \hline \end{array}$

$\begin{array}{r} 1 \\ +4 \\ \hline \end{array}$

$3 + 7 = \square$

$6 + 3 = \square$

$4 + 2 = \square$

$4 + 4 = \square$

$6 + 1 = \square$